EL PRINCIPIO DE LOS

I0867197

cisnes BEBÉS

MEG GREVE

CREATIVE EDUCATION • CREATIVE PAPERBACKS

CONT

ENIDO

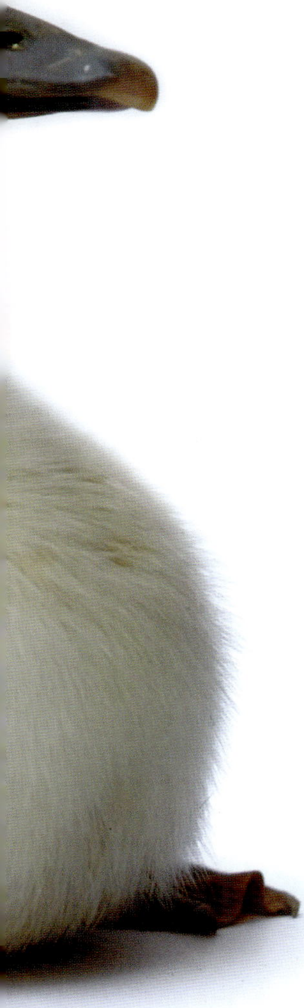

SOY UNA CRÍA DE CISNE.

Soy una cría de cisne.
Soy un cisne bebé.

¿Ves mis plumas? Son suaves y grises.

Estuve 35 días en un huevo. Después, ¡salí del cascarón!

Mi mamá nos mantiene a salvo en el nido. Comemos caracoles y bichos.

Dejo el nido para ir a nadar.
Me quedo cerca de mi familia.

Las patas
de mi mamá
agitan el agua.
Esto me ayuda
a encontrar
comida.

Tengo cuatro meses. Aprendo a volar.

En un año, me crecerán largas plumas blancas.

Volaré lejos para encontrar mi propio hogar.

HABLA Y ESCUCHA

¡CHI

RRPP!

¿Puedes hablar como una cría de cisne?

Los cisnes bebés pían y gorjean.

Escucha estos sonidos:

https://www.youtube.com/watch?v=nR6gBs03zWw

¡Ahora es tu turno!

PALABRAS RELACIONADAS CON LAS CRÍAS DE CISNE

caracoles: animales pequeños con cuerpos viscosos y conchas en espiral en el lomo

nido: hogar que construyen las aves para mantener a salvo sus huevos y crías

plumas: partes ligeras y blandas que cubren el cuerpo de las aves y las ayudan a volar

salir del cascarón: romper el cascarón de un huevo para nacer

ÍNDICE ALFABÉTICO

PUBLICADO POR CREATIVE EDUCATION Y CREATIVE PAPERBACKS
P.O. Box 227, Mankato, Minnesota 56002
Creative Education y Creative Paperbacks son sellos editoriales de The Creative Company
www.thecreativecompany.us

LIBRARY OF CONGRESS CATALOGING-IN-PUBLICATION DATA
Names: Greve, Meg, author.
Title: Cisnes bebés / Meg Greve.
Other titles: Baby swans. Spanish
Description: Mankato, Minnesota : Creative Education and Creative Paperbacks, [2025] | Series: El principio de los | Includes index. | Audience: Ages 4-7 | Audience: Grades K-1 | Summary: "Introduce beginning readers to the webbed world of baby swans with this life science starter, in North American Spanish. Includes photos, a labeled animal diagram, "Make a Noise" section, and glossary"-- Provided by publisher.
Identifiers: LCCN 2024019438 (print) | LCCN 2024019439 (ebook) | ISBN 9781640264816 (library binding) | ISBN 9781682770191 (paperback) | ISBN 9781640005990 (ebook)
Subjects: LCSH: Swans--Juvenile literature. | Swans--Infancy--Juvenile literature.
Classification: LCC QL696.A52 G73818 2025 (print) | LCC QL696.A52 (ebook) | DDC 598.4/181392--dc23/eng/20240507

DISEÑO Y PRODUCCIÓN
Diseño por Rhea Magaro
Producción de Beeline Media and Design, Inc.
Dirección artística de Tom Morgan

FOTOGRAFÍAS de Alamy Stock Photo/blickwinkel/McPHOTO/PUM, 10, John Davidson Photos, 8, Krys Bailey, 6, Tim Mason, 11; Getty Images/tracielouise, 5; Shutterstock/Andreas Nesslinger, 7, Armensl, 4, Bohbeh, 13, Chutharat Kamkhuntee, 2, Eric Isselee, cover, 12, Janice Chen, 9, Tanya_Terekhina, 1

Impreso en China